Kranabitl / Greßmann / Zeiler

BERGHIRSCHE

Österreichischer Jagd- und Fischerei-Verlag

Thomas Kranabitl / Gunther Greßmann / Hubert Zeiler

BERGHIRSCHE

Österreichischer Jagd- und Fischerei-Verlag

Fotos: Gunther Greßmann und Thomas Kranabitl
Text und Konzeption: Hubert Zeiler

Lektorat, Layout, Leitung Produktion: Michael Sternath

Houl hawtsum maupin tomeMMwurlt, meGoof.
Shawtmean goodo le stag, ate pointa & spentmed ays
lunatique. – Jeeze, dayso glawry!

Verlagsassistenz und Sekretariat: Angela Pleyel
Vertriebsleitung: Hermann Striednig

Repro: Blaupapier, Wien

Gesamtherstellung: Druckerei Theiss, Sankt Stefan im Lavanttal

ISBN 978-3-85208-133-5

Inhalt

Zum Geleit

Die Idee zu diesem Buch wurde vor ein paar Jahren geboren: einen Bildband zu machen, der ausschließlich den Berghirschen gewidmet ist. Was hätte spannender sein können, als Rotwild in Gebieten zu porträtieren, in denen sich der Mensch noch bescheiden und ehrfürchtig bewegt: in der Hochgebirgswelt der Hohen und Niederen Tauern, in verschwiegenen Winkeln der Nördlichen Kalkalpen und in abgelegenen Tälern Osttirols, wo sich im Schatten der Dreitausender Fuchs, Schneehase und der gestandene Bergjäger „Gute Nacht" sagen.

Mag auch der Hirsch der Auen stärker sein, der Berghirsch fasziniert den Menschen mehr. Wie kann er in den steilen Lehnen der eisigen Alpentäler überleben? Wie übersteht er die mörderischen Winter? Wo findet er sanfte Plätze für die Brunft? Wo werden die Kälber in der brutalen Bergwelt geboren und großgezogen?

Von Rotwild und Berg gleichermaßen magisch angezogen, haben sich zwei hochklassige Fotografen auf die Jagd gemacht: Gunther Greßmann, als Kenner des Steinwildes weithin bekannt, und Thomas Kranabitl, försternder Fotograf aus dem Ausseerland, haben in unermüdlicher Berghirsch-Arbeit unglaubliche Fotos von Hirschen gesammelt und zeigen in diesem Werk Bilder von unermesslicher Buntheit und Vielfalt. Hubert Zeiler, Wildbiologe und Bildender Künstler, hat die Fotos zu einer stimmigen Gesamtschau verwoben und mit einfühlsamen, hochinformativen Texten begleitet.

„Berghirsche" – an diesem Buch waren die besten Kräfte am Werk, die sich einer solchen Herausforderung stellen konnten. Sie haben ein Buch zustandegebracht, das der Kraft und der Schönheit eines alten Berghirsches würdig ist …

Michael Sternath,
Österreichischer Jagd- und Fischerei-Verlag, Wien

Berge als Lebensräume

Der Berg – das ist die dritte Dimension: alle Jahreszeiten an einem Tag, Nadelwald, Gebirgssteppe und Kampfzone, ewiges Eis, Wind und Wetterumschwung, Lebensvielfalt auf kleinster Fläche, Anpassung, Herausforderung, uraltes Kulturland und letzte noch unverbrauchte Wildnis. Ohne Berg kein Gipfel – aber auch kein Tal …

„Berg“ bedeutet in diesem Buch stets: die Alpen. Viele der Bilder stammen aus den Ostalpen, aus den Bergen der Steiermark, aus Kärnten, aus Salzburg und aus Tirol. Im Mittelpunkt stehen die Hohen und Niederen Tauern, das Tote Gebirge und das Dachsteinplateau – Gebiete, in denen noch immer eine außergewöhnliche Vielfalt an Wildtieren lebt. Huftiere, die mit den Klimaextremen der Berge zurechtkommen, profitieren von den hochwertigen Gräsern und Kräutern, die dort wachsen.

Gräser und Kräuter sind leicht verfügbare Pflanzennahrung. Deshalb führt die Entwicklungsgeschichte vieler Großsäuger hinaus in die Grasländer. Die Bergwelt der Alpen beherbergt heute noch besonders weite, ausgedehnte Grasfluren – alpine Matten und Almweiden nehmen ein Fünftel des Gebirgszuges ein. Der Mensch hat die Waldgrenze hier über Jahrtausende nach unten gedrückt und damit das Offenland noch deutlich erweitert. Für einen großen Pflanzenfresser wie den Rothirsch war das ideal. Berge bieten ihm beste Sommerlebensräume. Gräser und Kräuter sind hier besonders nährstoffreich, sie beinhalten viele Mineralstoffe und sind zudem besser verdaulich als im Tal.

Berge gehören zum letzten offenen Land, das der Mensch noch wenig verbaut und verändert hat. Die Tallagen der Alpen und manche Becken gehören zu den am dichtesten besiedelten Gebieten Europas. Die Alpen: ein 1.200 Kilometer langer und rund 250 Kilometer breiter Gebirgskamm, eine der artenreichsten Landschaften Europas und eines der bedeutendsten Fremdenverkehrsgebiete der Welt. Berge, zunehmend zugerichtet auf die Bedürfnisse ihrer Besucher, verlassen von denen, die hier kein Auskommen mehr finden – Spannungsfeld zwischen Rückzugsgebiet, letztem Hinterland, Wirtschaftsraum und Natur als Kulisse für Abenteuersport und Massentourismus. Die Alpenbewohner werden mehr und mehr zu Städtern, und dennoch müssen sich Wildtiere gegen immer neue Formen der Landnutzung behaupten. Und mittendrin: der Rothirsch; so oft schon verklärt und verdammt, erlebt er zur Zeit auch bei jenen, die nicht jagen, eine Renaissance. Man spricht über ihn, dieses letzte große Säugetier unserer Kulturlandschaft, und man streitet auch über ihn. Vielleicht vermitteln ein paar Bilder mehr als allzu viele Worte …

Raum und Licht. – Berge begrenzen Räume und erweitern sie gleichzeitig nach oben. Das Land wird hier wirklich dreidimensional.

Junger Hirsch in der Latschenregion. – Auch wenn im Herbst das Gras allmählich vergilbt, Berge bieten beste Hirschweiden.

Berg, Himmel, Hirsch. – Berge gehören zum letzten offenen Land, das der Mensch noch ziemlich wenig verbaut und verändert hat.

Rotwild und Gams. – Huftiere, die im Rudel leben, brauchen offene Flächen. Auch wenn der Zaun auf Kulturland hinweist, hier haben Wildtier und Mensch nebeneinander noch genug Platz.

Berghirsch. – Er fasziniert einfach!

Geweihgewirr. – Die Jagd ist Teil des Spannungsfeldes, in dem der Rothirsch heute steht.

Holznutzung. – Die intensive Forstwirtschaft ist derzeit die flächenwirksamste Landnutzungsform.

Viehwirtschaft. – Die Almwirtschaft hilft mit, Rotwildlebensräume am Berg zu erhalten.

Wintertourismus. – Besonders im Winter werden Ruhezonen für Wildtiere am Berg immer wichtiger.

Winterfütterung. – Eine Krücke für den Rothirsch zwischen Schutzwald, Lawinenverbauung und Schigebiet.

Wolf. – Großräuber kehren zurück, sie werden einen Einfluss auf unseren Umgang mit dem Rotwild haben.

Dachsteingletscher. – Die Klimaerwärmung wird die Alpen verändern.

Altes Kulturland. – Auf dem Talboden die Siedlungen, an den Hängen die Forstwirtschaft und darüber alpines Urland.

Die Ostalpen – sie sind zum Großteil ein intensiv genutztes Waldland. Viele Sommerlebensräume für Rotwild liegen oberhalb der Waldgrenze. Doch wohin, wenn im Herbst die Höhen weiß werden?

Grauspecht. – Bergwälder bieten oft letzte Rückzugsgebiete für Spechte, Eulen oder Raufußhühner.

Alpine Matten. – Hier oben, weit oberhalb der Waldgrenze, ist im Sommer Platz für viel Rotwild, …

… und dann hallt irgendwo der erste Ruf eines Hirsches von einer Felswand in den herbstlichen Morgennebel.

Eigenwert und Eigenart

Bei kaum einem anderen heimischen Wild wurde so viel eingebürgert, ausgesetzt, eingekreuzt und genetisch experimentiert wie beim Rothirsch. Dazu kommt, dass das Hirschgeweih über Jahrzehnte als jagdliches Auslesekriterium diente. Wiedereinbürgerungsversuche mit Rotwild sind auch heute noch ein Thema. Aber warum wurden und werden Hirsche noch immer ausgesetzt – oft in Gebieten, wo es ohnehin genügend Rotwild gibt? Weshalb experimentiert der Mensch so gerne mit Hirschen? Man kann es drehen und wenden wie man will, einer der wichtigsten Gründe war und ist noch immer das Hirschgeweih. Obwohl Genetiker schon vor Jahrzehnten darauf hingewiesen haben, dass gerade das immer größer werdende Interesse am Geweih für den heimischen Rothirsch eine echte Gefahr darstellt.

Hirsche wurden bereits in der Bronzezeit verehrt und vereinzelt auch gezähmt. Gräberfunde aus dieser Zeit belegen, dass man Hirsche und (!) Hirschkühe damals teilweise geschmückt und sogar bestattet hat. Jahrhunderte später spielte der Hirsch als Christussymbol noch immer eine Rolle in der Religion. Im 20. Jahrhundert wurde dieses Wildtier dann domestiziert. Es gibt neben dem wilden Rothirsch auch das Haustier – Rothirsche werden heute in großer Zahl gezüchtet. Die Zucht zielt vor allem auf Körpergröße, schnelles Wachstum, viele Nachkommen und große Geweihe ab. Wie immer man zum Rothirsch steht: Geweihe faszinieren uns nach wie vor. Wer dieses Wildtier jedoch bloß auf die Ausformungen eines sekundären männlichen Geschlechtsmerkmales reduziert, der greift viel zu kurz.

Wildtiere haben sich über Jahrhunderttausende an Lebensräume angepasst. Im üppigen Auwald mit viel Laubholz und einem kurzen, meist schneearmen Winter erreichen Rothirsche ein Körpergewicht bis über 200 Kilogramm. Im kargen schottischen Hochland werden sie hingegen kaum halb so schwer. Die mächtigen Auhirsche tragen Geweihe mit mehr als 10 Kilogramm, während die Geweihe der kleinen schottischen Hirsche kaum ein Drittel davon erreichen. Dennoch gehören beide zu ein und derselben Tierart. Der Unterschied liegt in der Anpassung an den jeweiligen Lebensraum.

Aus diesem Blickwinkel betrachtet, ist das Wildtier eine in die „Form des Lebens gegossene Landschaft". Auch der Berghirsch ist eine dieser Lebensformen. Sie garantiert, dass dieses Wildtier bestmöglich mit den Bedingungen im Bergland zurechtkommt. Wie gesagt, nach Jahrtausende langer „Testphase"; Hilfe oder „Aufbesserung" durch den Menschen ist da völlig überflüssig!

Geht es um Eigenwert und Eigenart des Berghirsches, kann man es auch sehr einfach auf den Punkt bringen: „Alle Zukunft hat ihre Herkunft."

Im Felsgebirg. – Auf die Geweihmasse kommt es hier nicht an. Viel mehr zählen etwa Trittsicherheit, Beweglichkeit, Genügsamkeit und Anpassung an Witterungsextreme.

Tier und Kalb Mitte August. – Der Nachwuchs wird, wie viele Generationen vor ihm, lernen, wie er sich mit dem Leben am Berg zurechtfindet. Die Mutter führt ihn im ersten Jahr in den Lebensrhythmus hier oben ein.

Eissprosszehner. – Jahrzehntelang hat man den Hirsch nach Geweihmerkmalen bejagt. Wichtig war eine Krone. Eissprosszehner, die alt werden dürfen, sind daher heute mancherorts schon eine Seltenheit.

Anfang April. – Auch wenn der Spießer noch immer nicht abgeworfen hat, so haben doch er und das Schmaltier den Winter gut überstanden. Fütterung haben die beiden jedenfalls keine gesehen.

Alle Zukunft hat ihre Herkunft.

Rotwild, Raum und Zeit

Rotwild wandert – je nach Witterung, Äsung, Deckung und Sicherheitsbedürfnis.

Die Tiere ziehen von Überwinterungsgebieten zu ihren sicheren Setzeinständen, und die Hirsche suchen ihre ruhigen, kühlen Sommereinstände mit reichhaltigem Äsungsangebot auf, wo sie ordentlich Feist ansetzen können. Wo es ausgedehnte alpine Weiden gibt, wandert viel Rotwild weit über die Waldgrenze hinauf, um hier den Sommer zu verbringen. Berge bieten diesem Wild eine breite Palette von Möglichkeiten. Das reicht vom kühlen Schluchtwald für den einzelnen Feisthirsch bis hin zum Kahlgebirge und zu den ausgedehnten Matten, wo sich oft große Rudel sammeln.

Im Frühherbst kommt das Hochwild dann wiederum in Bewegung. Ein Teil der Hirsche zieht nun in oft weit entlegene Brunftgebiete, und das Kahlwild sucht jetzt nach den verbleibenden, noch guten Herbstäsungsflächen; oft sind das Talwiesen, oder Almweiden, von denen das Vieh rechtzeitig abgetrieben worden ist. Nach der Brunft geht es dann wieder zurück in die Wintereinstände. Je nach Angebot und Tradition kreist dabei ein Teil des Wildes auf engem Raum, der andere Teil kann zwischen oft weit auseinanderliegenden Lebensräumen wechseln und wandern. Ein Schlüsselfaktor, den heute der Mensch immer mehr beeinflusst, ist dabei die Sicherheit. Keine Frage: Hinsichtlich Tagesrhythmus, Raumnutzung, aber auch Wohlbefinden ist die Sicherheit der Dreh- und Angelpunkt!

Will die Wildart ihren Lebensrhythmus dem Jahreslauf anpassen, dann braucht sie jedenfalls Raum! Das ist auch wichtig für den genetischen Austausch. Während aber weibliches Rotwild Wanderrouten in der Regel treu und traditionell beibehält, sind Hirsche etwas risikofreudiger und probieren auch verschiedene Wege aus. Hat ein erwachsenes Stück jedoch seine Strategie einmal eingeschlagen, dann hält es an dieser in der Regel auch fest.

Im Gebirge gibt es neben den großen jahreszeitlichen Verschiebungen aber auch tägliche Wechsel zwischen schwer zugänglichen Einständen im Bergwald und tieferliegenden Wiesen oder hochgelegenen Almen. Ein paar Kilometer sind für Rotwild keine besondere Entfernung. Dabei werden Täler ebenso überwunden wie Gebirgspässe, und ehemals gab es sogar jährliche Wanderungen vom Gebirge bis weit ins Alpenvorland.

Der Ortswechsel gehört jedenfalls zum Leben des Rothirsches, und ganz besonders zum Leben am Berg. Vom mitteleuropäischen Tannen-Buchenwald bis zu Permafrost und arktischer Tundra geht es oft nur über einige hundert Höhenmeter. Das heißt: Klimazonen, die sonst viele Breitengrade auseinanderliegen, können hier an einem einzigen Tag durchwandert werden. Tier- und Pflanzenarten haben daher ganz unterschiedliche Strategien entwickelt, um mit den häufig extremen, und vor allem rasch wechselnden Lebensbedingungen zurechtzukommen. Das reicht vom Winterschlaf des Murmeltieres über die schwarzgefärbte Kreuzotter bis zu den behaarten Blättern des Felsen-Steinbrechs. Der Rothirsch ist beweglich – und behauptet damit seine Stellung im Rhythmus des Lebendigen.

Geeignete Winterlebensräume – sie sind heute ganz entscheidend für das Rotwild.

Wintermärchen im Bergwald.

Bizarre Formen. – Hier hat der Nordwind einen Winterwald gezeichnet.

Winteridylle? – Fürs Wild sicher nicht! Vier bis fünf Monate im Jahr herrscht in den meisten Alpengebieten Winter. Besonders in Nordstaulagen türmt sich dann der Schnee oft meterhoch.

Wegefreiheit. – Dort, wo die Fütterung kein Thema ist, muss Rotwild wandern dürfen, um mit Witterungsextremen zurechtzukommen.

Wintertod. – Fallwild ist nichts Unnatürliches am Berg. Der Winter zehntet seit jeher die Wildbestände. Dennoch hat der Mensch mit der Vorstellung von Fallwild seine Probleme – Jäger wie Nichtjäger.

Winter, wohin man schaut – und dennoch finden sich gerade auf Bergrücken apere Flecken. Hier spielt der Wind eine wichtige Rolle.

Inversionswetterlage. – Typisch für viele Alpentäler ist die Temperaturumkehr im Winter. Während im Tal unter der Nebeldecke ein Kältesee liegt, klettern die Temperaturen bei Sonne oben am Berg weit über null Grad.

Mitte Februar.

Rotwild zieht im Bergland auch im Winter gern in höhere Lagen, wenn es das Wetter zulässt.

Hier hat der Wind Grate und Rücken freigeweht. Die beiden Hirsche wissen ganz genau, wohin sie wollen.

Auf Südhängen entsteht durch Wind und Sonne ein Mosaik von Äsungsflächen. Hier treffen sich Hirsch und Gams, weil es Äsung, Ruhe und Sonnenwärme gibt.

Noch haben die beiden Hirsche auf, und noch hat ihnen dieser Winter nichts anhaben können.

„Steinhirsche" – sie blieben einst überhaupt den ganzen Winter oberhalb der Waldgrenze. Ein Teil des Wildes wechselte aber auch, je nach Witterung, zwischen Bergwald und Hochlagen.

Anfang April – jetzt steht das Wild gern auf den langsam grün werdenden Wiesen bei den letzten Bergbauernhöfen und äst dort die ersten frischen Grasspitzen.

Tiere und vorjährige Kälber. – Wenn im Frühjahr Rudel von dreißig oder vierzig Stück auf den hofnahen Weiden äsen, hat der Bauer meist keine große Freude. Dann ist Toleranz gefragt.

Bergwärts. – Zwei, drei Wochen sind die Wiesen um die Höfe interessant. Mit zunehmendem Äsungsangebot lösen sich solche Konzentrationen rasch wieder auf, und das Wild verteilt sich.

Wenn die Ringdrossel ihr erstes Lied singt, dann ist der Frühling am Berg nicht mehr aufzuhalten.

Mitte Mai. – Auch wenn die beiden Stücke im Haarwechsel recht struppig aussehen, den Winter haben sie gut überstanden. Beim Hirsch wird das Winterhaar bald büschelweise ausfallen, beim Tier wird es wohl noch etwas länger dauern.

Kolbenhirsche Ende Mai. – Jetzt kann man fast zuschauen, wie das neue Geweih wächst. Äsung gibt es nun in Hülle und Fülle.

Herrenklub. – Ende Juni sind diese Basthirsche schon sehr weit im Geweihaufbau. Bald werden die Stangen der älteren Hirsche auszuhärten beginnen.

Kälbertier Mitte Juni. – So sehr der alljährliche Geweihaufbau auch beeindruckt: Ein Tier, das ein Kalb säugt, hat Größeres zu leisten als ein Hirsch.

Frisch verschlagen. – Anfang August haben diese beiden Hirsche verschlagen. Beim oberen leuchten die fertigen Stangen noch weiß. Auch beim unteren sind die Stangen noch licht, haben aber schon ein wenig Farbe.

Ende August.

Nun lösen sich die Feisthirschrudel allmählich auf. Diese beiden älteren Herren sind nun in bester körperlicher Verfassung. Auch die Träger sind bereits angeschwollen: Keine Spur mehr vom schlanken Hals der Sommerhirsche.

Scherzkekse.

Die beiden jungen Hirsche hinten scherzen hier noch und stehen beim Kahlwild. Bald beginnt aber auch für die Halbstarken der Ernst des Lebens.

Mittelhirsche.

Diese mittelalten Hirsche unterscheiden sich Ende August noch deutlich von den älteren. Bis zur Brunft werden auch sie noch einen stärkeren Träger bekommen, aber an die Statur und Kampfkraft der beiden älteren Herren im obersten Bild kommen sie nicht heran.

Anfang September. – Die Hirsche ziehen zu ihren Brunftplätzen.

26. September. – Hochbrunft im Berg!

Herbstimpressionen aus den Nördlichen Kalkalpen. – Für viele sind das die schönsten Tage im Jahr.

Erster Schnee. – Im Gebirge ist früher Schnee keine Seltenheit und tut der Brunft keinen Abbruch, auch wenn Gams und Hochwild da einmal kurzfristig durcheinanderkommen. Der Winter wird ohnehin bald ins Land ziehen und den Jahreskreis schließen …

Geweih und Gestalt

Geweihe faszinieren uns. Viel mehr noch hat ehemals aber der Geweihzyklus den Menschen fasziniert. Wir wissen heute, dass die Sonne diesen Zyklus steuert, und genau damit haben Menschen Hirsch und Hirschgeweih verbunden: Das Geweih beginnt alljährlich in jener Zeit neu zu wachsen, wo die Tage nach einem kalten Winter wieder deutlich länger und wärmer werden. Und es ist annähernd fertig, wenn die Sonne ihren Höchststand erreicht hat. Was also lag näher, als Hirsche zu „Botschaftern“ der Sonne, des wiederkehrenden Lichtes und Lebens zu machen: der Hirsch als Symbol der Erneuerung und der Wiedergeburt nach dem Tode. Hirsche mit leuchtenden oder flammenden Geweihen, Götter mit Hirschgeweihen – in vielen Legenden tritt das Licht- und Sonnensymbol in Erscheinung, so auch in der Hubertuslegende, die bis heute erzählt wird.

In nur vier Monaten baut ein gesunder älterer Hirsch ein Geweih mit einer Knochenmasse von rund vier bis fünf Kilogramm auf. Nachdem das Geweih fertig ist, wird es acht Monate getragen und dann wieder abgeworfen. Auch für einen großen Hirsch ist das eine kostspielige Angelegenheit, denn es erfordert den Einsatz von Aufbaustoffen, die zum Teil sogar aus den Knochen des Tieres entnommen werden. Was also ist der Vorteil von Stirnfortsätzen, deren Aufbau alljährlich so viel Energie verlangt und die dann doch nur wieder abfallen?

Die meisten Menschen verbinden Geweih mit Kampf. Besser ist es allerdings, es mit Kräftemessen zwischen Konkurrenten zu verbinden. Ein Hirschgeweih ist eine ideale Konstruktion dafür, denn fertig verknöcherte Geweihe sind so gebaut, dass sie bei Schiebekämpfen sowohl Schutz als auch Angriffsfläche bieten. Verletzungen sind dabei jedoch durchaus keine Seltenheit. Zur Feindabwehr sind Geweihe zwar auch geeignet, aber da sie über mindestens vier Monate im Jahr wachsen, kann dies wohl nicht ihr Hauptzweck sein. – Bastgeweihe haben viele Duft- und Talgdrüsen. Eine Zeitlang gibt ein Hirsch mit seinem Geweih also auch Geruchssignale ab.

Als Maßstab für die Kampfkraft ist ein fixfertiges Geweih nicht unbedingt ein ehrliches Signal – auch wenn es zwischen Körpergröße und Geweihgewicht eine enge Beziehung gibt. Warum? Weil im Verlauf der Brunft Kampfkraft und Reserven nachlassen, das Hirschgeweih jedoch gleichbleibt. Keine Frage, starke Hirsche tragen in der Regel auch starke Geweihe, aber Hirsche schätzen die Kampfkraft eines Gegners nicht nach dem Geweih, sondern vielmehr nach Gestalt und Verhalten ein. Das wird besonders dann deutlich, wenn sie Breitseitimponieren oder im Parallelmarsch ihr Gegenüber taxieren. Auch Rotwildkenner geben mehr auf die Gestalt als auf das Geweih, wenn sie einen Hirsch nach dem Alter einschätzen. Die meisten achten dabei auf Körperbau und Proportionen, und viele sagen, dass sie beim Geweih nur bis zum Mittelspross schauen, um einen Hirsch wiederzuerkennen. Der obere Teil verleitet zwar zum Hinschauen, kann aber in Bezug auf Alter oder Wiedererkennen einen völlig falschen Eindruck erwecken. Grundsätzlich gilt: Geweihstarke Hirsche sind häufig auch ranghoch – eben weil Geweih- und Körpergewicht eng zusammenhängen. Bei aller Faszination sollte man sich von Geweihen aber nicht blenden lassen. Rotwildkenner wissen: Auf die Gestalt kommt es an …

Alt und jung. – Auch wenn die außergewöhnlich langen Stangen des alten Hirsches die Blicke magisch auf sich ziehen, ein Vergleich der Statur der beiden sagt allein schon alles!

Parallelmarsch. – Hier schätzen zwei etwa gleichstarke Hirsche die Kampfkraft ihres Gegners ab, indem sie nebeneinander hergehen. Über die Breitseite werden Körperkontur und Größe am besten erfasst.

Methusalem. – Ein uralter Hirsch, der nur noch zwei Geweihspieße trägt. Vereinzelt können auch Hirsche um die 20 Jahre alt werden. Dieser Hirsch hat den Sommer nicht mehr erlebt.

Jugend. – Ein, zwei und drei Jahre alt, hoch auf den Läufen, schlanker Träger: Sie gehören alle drei zu den „Halbstarken".

Mittelaltes Tier, gut beisammen, mit Kalb und Schmaltier.

Altes Tier mit hervortretenden Lichtern und weißgrau verfärbendem Haupt.

Etwa vierjähriger Hirsch. Er ist nun fast erwachsen. An Gewicht aber wird er noch zulegen.

Etwa sechsjähriger Hirsch. Wie er sich entwickelt hat, ist am Bild unterhalb zu sehen.

Zwei acht- bis neunjährige Herren. Beide stehen nun an der Grenze von den mittelalten zu den reifen, älteren Hirschen.

Etwa zehnjähriger Rothirsch, derselbe wie oben. Sein kurzes spitzes Haupt hat er zwar behalten, aber welch ein Unterschied in Statur und Geweih!

Mitte Februar. – Rot leuchtet das Petschaft, nachdem dieser Hirsch die erste Stange verloren hat.

26. Februar. – Auch wenn dieser Hirsch kein Geweih mehr trägt, anhand seines Körpers ist er dennoch leicht als solcher zu erkennen. Das Petschaft ist hier noch nicht ganz überwallt.

1. April. – Die Rosenstöcke sind wieder von Basthaut überwallt, der Geweihzyklus beginnt nun von Neuem.

Anfang April.
Die Jungen haben noch auf,
der Alte schiebt schon wieder.

Ende April. – Ob ohne oder mit Bastgeweih, Meinungsverschiedenheiten werden nun anders ausgetragen. Die zurückgelegten Lauscher und das angedeutete Eckzahndrohen zeigen die Stimmung an.

Mitte Juni. – Dieser alte Berghirsch hat sein Bastgeweih schon sehr weit geschoben, und so wie es aussieht, werden ganz oben zwei mächtige Gabeln dazukommen.

19. Juli. – Der vordere Hirsch ist bereits am Verfegen. Aus den Kronen hängen bereits einige Bastfetzen herunter, der Rest der langen Stangen ist noch in Bast.

Ende Juli. – Das Ganze etwas mehr im Detail: Die ersten Bastfetzen hängen vom Geweih. In den Rillen darunter ist der eingetrocknete, rote Schweiß zu sehen.

Kolbenhirsche im Vergleich. – Die Aufnahme oben ist von Mitte Juni. Die alten Hirsche haben schon beinahe fertig geschoben, während der Spießer rechts oben gerade erste Knöpfe aufsetzt. Die alten Hirsche mit ihren großen Pansen haben nun richtige Grasbäuche.

Das untere Bild stammt von Mitte Juli. Der Hirsch in der Mitte ist gerade beim Verfegen. Zwei, drei ältere aus dem Rudel werden ihm in den nächsten Tagen folgen.

Geweih und Körperbau. – Ein vielendiges Geweih, aber die Statur zeigt einen mittelalten Hirsch.

Herrscher im Hintergrund. – Vorne ein junger Hirsch mit Tier, Kalb und Spießer, hinten bei den Latschen steht der Platzhirsch.

Kurze Stangen, Viererkrone, Brunftmähne – ein Hirsch im vollen Saft. Unten zum Vergleich ein etwa halb so alter Hirsch in ähnlicher Körperhaltung.

Kurze Stangen, Dreierkrone, Brunftmähne – aber nur vier- bis fünfjährig.

Derselbe Hirsch wie auf der linken Seite oben – nur wenige Minuten später. Der Starke zieht auf dem steinigen Hang hinter einem zweijährigen Hirsch hinunter in den Bergwald.

Ohne Worte. – Dieser Hirsch hat hinsichtlich der Statur viele Merkmale eines älteren Hirsches …

Im Lichtgebirge. – Auch wenn man die mächtigen Geweihstangen nur erahnen kann, Körper und Bewegung verraten auch auf die weite Entfernung einen reifen, starken Berghirsch.

Flehmender Sechser. – Der etwa fünf- bis sechsjährige Hirsch mit langem schmalen Haupt ist stark im Wildbret. Er hat in dieser Brunft noch keine Reserven verbraucht und auch kaum einen Brunftfleck.

Anders dieser mittelalte Hirsch – er ist Ende September schon stark abgebrunftet.

Alter Hirsch, Anfang November. – Nach der Brunft erreicht der Pansen sein größtes Volumen, weil der Hirsch jetzt vor dem Winter noch versucht, so viel wie möglich an verlorenen Reserven wiederzuerlangen.

Brunftszene. – Weiße Enden, starker Vorschlag und tief gehaltenes Haupt: Auf den ersten Blick steht hier ein reifer Hirsch auf den Ruf zu. …

… Nachdem er das Rinnsal durchquert hat und über den Hang heraufzieht, gibt er Antwort. Hier werden erste Zweifel wach: Ist das wirklich ein reifer Hirsch? …

… Spätestens jetzt ist klar: Hier ist kein alter Herr, sondern ein mittelalter, gut veranlagter Hirsch zugestanden – ein Versprechen für die Zukunft.

Starker, reifer Berghirsch – Breiter Äser, starker Träger und Vorschlag, und auch die tiefsitzenden Rosen rutschen bei ihm schon seitlich nach unten. Ein Vergleich mit dem Hirsch auf der vorigen Seite macht das Urteil sicher.

Mittelalter Hirsch. – Das Geweih sagt nur wenig aus, was aber deutlich ist: Ihm fehlt der Kern.

Derselbe Hirsch wie oben. – Hier wird sofort klar, dass ein nur sieben- bis achtjähriger Hirsch beim Kahlwild auf dem Kahlschlag steht.

Nicht nur Hirsche, auch Geweihe haben ihre Gestalt. – Die „Auslage" wird ihm wohl bleiben.

Noch ein „Enger". – Die Form des Geweihes ist genetisch veranlagt.

„Fahrradlenker" – noch mehr Auslage geht in diesem Alter nicht.

Wahrscheinlich derselbe „Radfahrer" – ein Jahr später.

Unverkennbares Merkmal. – Hier sind die Eissprossen länger als die dünnen Augsprossen.

Charakterhirsch. – Auch ihn wird man an seinen extrem langen Augsprossen wiedererkennen.

Nicht nur Hirsche bevölkern den Berg, sondern auch eine Reihe anderer Gestalten.

Hoch hinaus

Frühsommer. Es sind die längsten Tage im Jahr. Noch dringt kein Sonnenstrahl über die Gipfel, doch im Osten wird es bereits deutlich heller. Das kommende Tageslicht ist mehr eine Ahnung, und auf den Tauernmähdern heroben weht auch im Sommer um diese Zeit ein kühler Bergwind, der einen leicht frösteln macht. Lange bevor unten im Tal der Tag beginnt, erwacht hier oben der Berg. Es ist diese Stunde, in der zur Gewissheit wird, dass mit dem Hellwerden ein neuer, immer wiederkehrender Anfang verbunden ist. Jetzt ist das Wild auf den Läufen, und auch der eine oder andere Jäger ist draußen. Hoch oben zeichnen sich gegen den Morgenhimmel ein paar Geweihstangen ab, und dann schiebt sich ein massiger Wildkörper über den Bergrücken. Es dauert nicht lange, da kommt der nächste Hirsch, und dann zieht Stück um Stück gemächlich zurück in die sicheren Tageseinstände.

Berge halten nicht nur beste Äsung bereit, weil mit der fortschreitenden Vegetationsentwicklung bis weit in den Sommer hinein immer noch hochwertige, frisch nachwachsende Nahrung zur Verfügung steht, sie bieten neben Sicherheit für einen großen Pflanzenfresser im Sommer auch Kühlung. Das ist nicht zu unterschätzen, denn der Pansen – die große Gärkammer eines Wiederkäuers – erzeugt im Zuge der Verdauung nebenbei auch Wärme. Und so vorteilhaft das im Winter ist, bei sommerlicher Hitze kann es durchaus belastend werden. Deshalb sucht Rotwild im Sommer Kühlung. Dazu dienen Suhlen, Wasserstellen oder einfach schattige Einstände. Kühler wird es am Berg aber zunächst einfach auch schon mit der Höhe. Je hundert Meter Höhengewinn nimmt die mittlere Jahrestemperatur um etwa 0,6 Grad ab. Von 1.000 auf 2.000 Meter Seehöhe sind das also satte 6 Grad, und damit sind wir erst knapp oberhalb der Waldgrenze. Dazu kommt auch, dass hier heroben letzte Schneefelder oft noch lange im Jahr für Abkühlung sorgen. Viel wichtiger ist dort aber noch der fast stetige Wind. Besonders gerne sucht das Wild daher windexponierte Stellen auf. Allein durch die Geländebeschaffenheit gibt es am Berg Fallwinde. Je nach Tageszeit weht Berg- oder Talwind. Die Luft bewegt sich in kühlen Gräben oder über Grate, Kuppen und Rücken. Entscheidende Bedeutung hat der Wind auch im Winter – nämlich dann, wenn er eben diese Rücken und Kuppen vom Schnee freibläst und damit Äsung freigibt.

Es ist schier unglaublich, in welchen Steillagen sich ein so großes und schweres Wildtier wie der Rothirsch noch scheinbar mühelos fortbewegt. Bevorzugte Liegeplätze sind im Steilgelände jedoch oft rar, da kann es durchaus eng werden, Platzprobleme und ein wenig Gerangel sind dann nichts Seltenes. Häufig bewegen sich große Rotwildrudel in den Ostalpen aber auch tagtäglich von den sicheren, kühlen Einständen auf die Hochweiden, um dort vom späten Nachmittag über die Nacht zu äsen. Wird es dann am frühen Morgen allmählich wärmer, wandert das Wild wieder zurück auf die Schattseite, in kühle Gräben, in die Latschen oder in Erlenhänge, in den schattigen Bergwald oder aber auch noch weiter hinauf – dorthin, wo oft schon kühle Luft von den Gletschern talwärts streicht.

Auslug. – Ist man einmal oben, sind der Sicht an einem Tag wie diesem kaum Grenzen gesetzt. Oft reicht aber bereits der Blick ins nächste Kar …

Auf hohem Wechsel. – Diese Kolbenhirsche ziehen hier oben am frühen Morgen über den Rücken zurück in ihren Tageseinstand.

Tiere und Kälber im Juli unter den Wänden. – Nach oben hin bietet der Fels Sicherheit, nach unten hat das Wild in den Steillagen guten Überblick. Und Äsung gibt es hier auch genug.

Aussichtswarte. – Auch die Schneehühner zieht es im Sommer weiter nach oben. Für sie spielt dabei ebenfalls die Temperatur eine Rolle.

Schneeboden. – Saftige grüne Weiden und letzte, kühle Schneeflecken – so etwas zieht die Berghirsche im Sommer an.

Sommerfrische. – Auf diesem großen Schneefeld hat sich hier Mitte Juni viel Kahlwild angesammelt, …

… und auch die Hirsche kommen, um hier Abkühlung zu finden.

Nachdrücken. – Kühl ist es am Berg immer auch auf windexponierten Rücken. Die beiden Tiere und das Kalb haben sich hier nach dem Äsen am späten Morgen niedergetan, um wiederzukäuen.

Hupf in Gatsch ... – Gibt es Wasser oder Suhlen, dann sammelt sich dort das Wild gern. Hier haben sich beinahe 90 Stück zusammengefunden, fast nur Hirsche. Das Kahlwild haben die Herren kurzerhand abgedrängt.

„Gemeinschaftssuhle". – Anfang August begegnen diese Hirsche schon um sechs Uhr früh auf ihre ganz eigene Art und Weise der aufsteigenden Hitze eines Hochsommertages.

Lebenselixier Wasser. – Besonders im Sommer sind Tümpel und Quellen beliebte Anziehungspunkte.

Im Steilgelände. – Gute Liegeplätze sind in solchen Gebieten für diese großen Wildtiere oft nur schwer zu finden.

Sorgfältige Platzwahl. – Hier nutzen die Hirsche jede kleinste Verebnung zum Liegen. Manche von ihnen drücken sich regelrecht in Erdmulden oder Furchen und offene Bodenvertiefungen.

Kahlwild im Felshang. – Was hier so leichtfüßig aussieht, ist in Wirklichkeit Bewegung in steilstem, steinschlaggefährdetem Gelände. Für die meisten Menschen ist dieser Hang schlicht unbegehbar.

Überblick. – Auf solchen kleinen Kuppen kühlt nicht nur der Wind, sie bieten auch beste Aussicht und kommen damit dem Sicherheitsbedürfnis des Rotwildes entgegen.

Winkeladvokat. – Auch aus so einer Ecke heraus hat man alles unter Kontrolle.

September. – Von hier aus hört der Hirsch in der Brunft jeden Konkurrenten, auch weit übers Tal.

Nach dem ersten Herbstschnee. – Dieser hatte das Wild schon weit nach unten gedrückt. Doch noch hält der Schnee nicht, und sobald das Wetter wieder besser wird, steht es schon wieder weit oben.

Winterruhe in der Höhe. – In Teilen der Alpen verbringt Rotwild den ganzen Winter oberhalb der Waldgrenze. Abhängig ist dies von der Schneehöhe und vor allem von der Ruhe.

Silhouetten am Morgenhimmel. – Rotwild passt einfach in die Berge!

Innergebirg, letzte Landreserve

„Innergebirg“ - erweckt nicht das Wort bereits Sehnsucht? Schwingt da nicht etwas von unberührter Landschaft, von Gams und Hirsch, vielleicht auch bedrohlichen oder sagenumwobenen Bergen mit? Typisch ist der Begriff für das Land Salzburg, weil dort die Landschaft beinahe übergangslos vom Flachgau in die schroffen Kalkfelsen des Hagen- und Tennengebirges übergeht. Wer den Pass Lueg auf der alten Straße nach Werfen hinter sich gelassen hat, der hat dabei wirklich das Gefühl, dass er nun im Inneren des Gebirges ist, weil sich hinter ihm die Felsmauern beinahe schließen.

Ohne der Anziehungskraft des Begriffes „Innergebirg“ etwas nehmen zu wollen, und auch wenn die verkarsteten Hochplateaus des Tennengebirges kaum zu bewirtschaften sind: Der weitaus größte Teil unserer Berggebiete ist heute Kulturland, das vom Menschen mitgestaltet wird. Doch tut das dem Mythos Abbruch? Für viele gilt wohl eher das Gegenteil. Ist es nicht gerade das Wechselspiel zwischen Mensch und Natur, aufbauend auf Respekt, jahrhundertealten Erfahrungen sowie daraus hervorgehender Lebensart und Tradition, wonach wir uns heute immer öfter sehnen? Der Mensch gehört hier dazu. Dabei wird vielleicht in den Bergen ganz besonders deutlich: Landschaften, in denen wir uns wohlfühlen, setzen ebenso wie vitale Lebensräume intakte Natur voraus.

Dort, wo die landschaftliche Vielfalt groß ist, gibt es immer auch die größte Vielfalt an Wildarten. Das ist in den Bergen dort, wo sich der Wald allmählich auflöst und in die freien Hochlagen übergeht. Es sind Gebiete, die immer wieder den Blick freigeben auf die Landschaft.

„Landschaft" ist eigentlich eine späte Entdeckung des Menschen. Landschaft sehen und Landschaft darstellen sind tatsächlich kein selbstverständlicher Teil menschlicher Kulturentwicklung. Als eigentliche Erfinder der Landschaftsmalerei gelten die Chinesen um etwa 600 nach Christus. Wirklich zur Hochblüte ist die Darstellung der Landschaft in unserem Kulturkreis erst im Biedermeier gelangt. Doch gerade diese Zeit wird von manchen als eine Epoche „milder Verklärung" belächelt: der Rückzug ins Private, die Entstehung des Bürgertums.

Kann man jemanden, der sich an einer intakten Landschaft erfreut, nur deshalb als „hausbacken", „altvaterisch" oder „verklärt" abtun? Wer den Blickwinkel ein wenig weiter fasst, der kann die Zeit, in der Landschaftsmotive die Malerei beherrschten, auch mit ganz anderen Augen sehen: Sie fällt zusammen mit dem Beginn der industriellen Revolution, mit zunehmender Bevölkerung, mit den Spannungen vor der Märzrevolution in der Mitte des 19. Jahrhunderts und auch noch mit den sogenannten Gründerjahren, welche dem ersten großen Börsenkrach und dem damit verbundenen Einbruch der Finanzmärkte im Jahr 1873 vorangingen. Auch wenn sich Geschichte niemals genau wiederholt, es braucht nicht viel, und man findet hier viele Ähnlichkeiten zur heutigen Zeit.

Wo der Siedlungsraum aufhört, beginnt das Hinterland. Es sind jene Bergtäler, die noch weitgehend unerschlossen sind. Hinterland macht eine Landschaft erst wirklich wertvoll. Hinterland ist das Rückgrat – die „stille Reserve" für die Lebensqualität von Mensch und Wildtier …

Kulturland und Urland, eng verzahnt. – Bergwald und saftig grüner Almboden bis dorthin, wo der Zaun das Vieh aus dem extremen Steilgelände hält, darüber Kahlgebirge.

Blühendes Leben auf kärgstem Standort – Hauswurz. Zwei Perspektiven von einem Standort aus. Beide Bilder dieser Seite wurden vom selben Platz aufgenommen.

Hier schweift der Blick vom Speichersee auf der gegenüberliegenden Talseite bis her über die Hänge unterhalb des Steiges. Doch ist da „nur“ Landschaft? …

… Ein genauerer Blick in die Senke links von den Schneeflecken lässt ahnen, dass wir hier nicht allein am Berg sind. Da unten am Fuß des breiten Grashanges liegen beinahe hundert Stück Rotwild, …

… und wenn wir noch genauer hinschauen, dann erkennen wir, dass es fast nur Hirsche sind.

Bergydille: Blau der ferne Bergwald, grün die Hänge und rot das Wild.

Gletscherschliff. – Hier hat das Eis die Landschaft vor Jahrtausenden geformt. Heute finden dort diese drei Berghirsche unterhalb der glattgeschliffenen Steinplatten reiche Sommeräsung.

Einsamer Bergsee mit Kahlwild. – Mit dem Wildtier kommt Leben in die Landschaft.

Rotwild und Gams. – Sie begegnen einander hier oben immer wieder. Dabei drängen die Hirsche die Gamsrudel meist in ungünstigeres Gelände, …

… aber man sieht sie auch vertraut äsend. Beide Wildarten sind Teil der Lebensgemeinschaft am Berg.

Bergland – letzte Insel
für den Freiheitssucher.

Hinterland. – Einige der wenigen Almen, auf die noch keine Straße führt. Auch der sie einschließende Bergwald liefert nur das Holz für die eine oder andere Hütte und wird sonst nicht genutzt.

Einsame Berge. – Wer aber nur den Gipfel sieht, erlebt die Bergwelt nicht.

„Jagen ist nicht die Beute, Bergsteigen nicht der Gipfel." (Eugen Wyler)

Weitgehend unerschlossene Seitentäler – sie sind unsere letzten noch unverbrauchten Landreserven.

Drei Welten. – Im Hintergrund ein Weg auf die grüne Alm, im Schotterfeld ein Steig und darüber weglose Wildnis.

Weite, Ruhe und Äsung. – Berge bieten noch immer Raum für das Rotwild, unseren letzten großen wildlebenden Pflanzenfresser.

Unterwegs im Berg. – Ob Jäger oder Wanderer, nur wer gut zu Fuß ist, dem erschließt sich diese Landschaft.

Jagen und Bergsteigen
heißt erleben und sehen.

Ruhe und Sicherheit

„Ruhe“ – das ist ein Zauberwort für jeden Rotwildkenner. Wer bereit ist, ein wenig auf dieses Wildtier einzugehen, weiß, dass man Rotwild mit Ruhe besser lenken kann als mit Druck. Jedenfalls bringen Rücksicht auf Sicherheits- und Ruhebedürfnis in der Regel viel mehr als eine harte Gangart. Ohne Ruhe und Sicherheit geht beim Rothirsch mit Sicherheit gar nichts …

Rotwild ist eine langlebige Wildart, und es ist ein im Verband lebendes Wild. Das heißt: Erfahrungen werden im Rudel weitergegeben, und sie wirken lange nach – gute wie schlechte. Man kann dabei auch von einem „kollektiven Gedächtnis“ sprechen. Deshalb lernt Rotwild auch sehr rasch. Ein Kalb muss also schlechte Erfahrungen gar nicht selbst machen, sondern es lernt durch die Mutter, Gefahren einzuschätzen.

Beim Thema „Ruhe und Sicherheit“ führt an der Jagd kein Weg vorbei. Die Jagd auf Rotwild schlägt sich ohne Zweifel auf dessen Scheuheit nieder. Das heißt aber nicht, dass Wild ohne Jagd nicht scheu wäre. Auch ohne den jagenden Menschen werden Wildtiere die Äsungsaufnahme unterbrechen, um zu sichern, sie flüchten vor Raubfeinden oder Rivalen, kurz: Sie reagieren auch in natürlicher Umgebung auf Störungen. Nur: Heute spielt der Mensch dabei eine zusätzliche Rolle, die es bisher in dieser Art und Weise noch nicht gab. Ob in der Luft, zu Wasser oder am Lande, ob durch Lärm, Licht, Verkehr, Sport oder unmittelbare Verfolgung, bei Tag oder Nacht, der menschliche Einfluss lässt keinen Lebensbereich zu keiner Zeit mehr unberührt. Die Jagd ist hier neben all den anderen Landnutzungs- und Freizeitaktivitäten besonders gefordert: Einerseits sollen durch die Jagd Bestände reguliert werden, andererseits darf das Wild dabei nicht völlig scheu werden.

Besonders die Tiere sind während der Setzzeit sehr vorsichtig. Schließt man von der Häufigkeit des Sicherns auf die Störanfälligkeit, dann sind führende Tiere allein oder in kleinen Rudeln jene Gruppe, die am empfindlichsten auf Störungen reagiert. Natürlich brauchen auch Hirsche ihre Ruhe, aber da geht es lediglich um die eigene Befindlichkeit. Ein einzelner Feisthirsch kann sich im Sommer viel leichter unsichtbar machen. Dabei ist in dieser Jahreszeit Ruhe auch mit Rhythmus verbunden. Hirsche haben ein viel größeres Pansenvolumen als Tiere oder gar Kälber. Ist die große Gärkammer angefüllt, dann braucht es daher länger, bis die Äsung verdaut ist. Mit einem Satz: Der Äsungsrhythmus von Hirschen und Kahlwild ist verschieden. Das ist einer der Gründe dafür, warum sich die Geschlechter im Hochsommer in der Regel trennen…

Auf dem Weg in die Einschicht. – Hier herauf folgt diesem Hirsch kaum jemand mehr. Er selbst kennt sich in dem Gewirr von Felsbändern, Erlen, uralten Baumriesen und kleinen Blößen sicher bestens aus.

Tier und Kalb zwischen Windwürfen und Bergrutsch. – Rotwild findet hier sichere, weil kaum zugängliche Rückzugsgebiete.

Nach hinten bietet ein kaum begehbares Blockfeld Schutz, nach vorne hat der Hirsch alles unter Kontrolle – und der einzelne Gams stört nicht.

Latschen, Zirben und raues Felsterrain. – Diese Kolbenhirsche haben in einem schwer zugänglichen Eck ihren Sommereinstand gefunden. Weg gibt es dorthin keinen, und wer sich nicht auskennt, der verirrt sich in den Latschen leicht.

Zwei Hirsche am Höhleneingang. – Es kommt immer wieder vor, dass Hirsche im Sommer Kühlung in Höhlen, bei Eingängen zu verfallenen Bergwerksstollen oder unter großen Wurzeltellern suchen.

Beim Zurückwechseln. – Kahlwild auf dem Weg in die tiefer liegenden, sicheren Tageseinstände, …

… und auch diese Basthirsche ziehen über die Höhe in den Tageseinstand.

Einstand und Äsung. – Hier fühlen sich die Kälbertiere sicher, es gibt nebeneinander sowohl Nahrung als auch Deckung, und jeder in der Gruppe kann nach Bedarf äsen, ruhen oder wiederkäuen.

Alle Sinne auf Empfang. – Bevor dieses Tier auf die Freifläche wechselt, sichert es lang. Wahrscheinlich wartet das Kalb im Bestand dahinter.

Zurück in die Erlen. – Erlenhänge sind im Sommer beliebt. Hier gibt es Schatten, es ist immer frisch und etwas feucht, und auch Äsung wächst noch unter den Erlstauden.

Hirsche im Erlenhang. – Weite Erlenfelder sind beliebte Rotwildeinstände. Der Beobachter kann nur ahnen, wie viel Wild hier steht, weil er immer nur einzelne Stück in den Lücken und Blößen sieht.

Latschengeist. – Nur die beiden Geweihstangen verraten diesen Hirsch, doch nahe kommt ihm in diesem Latschendschungel niemand.

Berge bieten zwar noch sichere Rückzugsräume, manchmal wird es aber auch hier zu eng. Dieser Hirsch flüchtet an einem Frühsommervormittag mit heraushängendem Lecker steil bergauf.

Zwei Beihirsche folgen keuchend.

Wenn ein schwerer Kolbenhirsch mit vollem Pansen bei Hitze flüchten muss, dann sind Kreislauf und Stoffwechsel hohen Belastungen ausgesetzt. Mehr als einmal lässt sich das kein Hirsch gefallen, dann wandert er ab.

Sommer im Berg

Der Sommer am Berg ist kurz – dafür aber umso heftiger. Dennoch reicht die kurze Vegetationszeit für manche Alpenpflanzen nicht aus, um in einem Jahr Knospen zu treiben, zu blühen und auch noch reife Samen zu verbreiten. Der Gletscherhahnenfuß ist ein Beispiel dafür. Die Pflanze braucht allein, bis sie zur Blüte kommt, schon oft mehr als zwei Jahre. Dass die Samen auch noch ausreifen, geht sich im selben Jahr dann meist nicht mehr aus. Es geschieht erst im Jahr darauf. Viele Pflanzen in den Alpen sind ehemalige Bewohner von Kältesteppen und allein daher an Temperaturextreme gut angepasst. Was das aber auch im Sommer heißen kann, wird erst deutlich, wenn man sich vor Augen führt, dass hier ein Hochsommertag nicht selten mit leichtem Nachtfrost beginnt. Um die Mittagszeit klettert die Temperatur dann oft bis auf 30 Grad, und in bodennahen, windgeschützten Lagen sogar darüber. Außergewöhnliche Anpassungsformen und Eigenheiten findet man hier auf Schritt und Tritt. Aufgrund des besonders abwechslungsreichen Standortmosaiks kann der Botaniker im Frühsommer auf manchem Berghang 400 bis 500 verschiedene Pflanzenarten entdecken – auch deshalb, weil der Mensch durch Weidebetrieb und Mahd den natürlichen Artenreichtum oft noch deutlich erhöht hat.

Rotwild braucht im Sommer besonders viel hochwertige Äsung. Die Tiere säugen ihre Kälber, Hirsche bauen ihr Kolbengeweih auf, und nachdem die Sonne ihren Jahreshöchststand überschritten hat, sollten Hirsche, Tiere und Kälber allmählich Feistreserven für den Winter ansetzen. Die Überwinterung dieses Wildes ist für uns im Alpenraum immer wieder ein Kernthema, um das sich vieles dreht. Die Zeit, in der die Reserven für den Winter aufgebaut werden, wird dabei aber oft außer Acht gelassen. Untersuchungen zeigen jedoch, dass das Äsungsangebot im Sommer für die Dynamik von Schalenwildbeständen der gemäßigten Breiten von weit größerer Bedeutung ist als jenes im Winter. Der Winter bringt dann meist nur ans Tageslicht, was im Sommer an Feistreserven aufgebaut wurde. Besonders für die Kälber ist das von Bedeutung.

Die Feistzeit ist im Sommerhalbjahr, und häufig ergibt sich gerade in dieser Jahreshälfte Konkurrenz durch hohe Wilddichten – auch zwischen Rot- und Gamswild, wobei das Rotwild eindeutig im Vorteil ist.

Der Rothirsch wird zwar oft als Raufutter- oder Grasfresser bezeichnet, aber genau genommen ist er ein Mischäser. Er wählt teilweise nährstoffreiche, zellulose-arme Nahrung aus, kann aber genauso zellulose-reiche Nahrung verwerten. Dabei tendiert er zum „Grasfresser". Eben weil Rotwild in der Lage ist, ein ausgesprochen breites Nahrungsspektrum zu nutzen, hat es sich auch erfolgreich an die unterschiedlichsten Lebensräume angepasst – vom Auwald bis zum Hochgebirge.

Der Rothirsch ist also sehr flexibel. Und wenn im Sommerhalbjahr hochwertige Äsung zur Verfügung steht, dann wird diese natürlich bevorzugt. Daneben spielt bei dieser Wildart aber immer auch die Menge eine wichtige Rolle. Im Juli/August fasst der Pansen eines Feisthirsches immerhin bis zu zwanzig Liter! Die Alpen bieten dem großen Wiederkäuer meist gute Sommerlebensräume. Der Winter wird oft deshalb zum Problem, weil wir Hirsche nicht mehr frei wählen und wandern lassen, und sie dann allzu oft unseren Landnutzungsansprüchen in die Quere kommen.

Sommer am Berg – Almrausch, Basthirsch, blauer Himmel und Sonnenschein.

Beste Sommerweide. – Die Blütenpracht im Kalkgebirge ist besonders artenreich.

Hochgebirgs-Lignano. – Am Nachmittag sucht dieses Tier im Bachbett Kühlung. Damit lassen sich Sommerhitze und Fliegen leichter aushalten.

Ende Juli. – Die Schläge sind nun voll mit Äsung. Auch der Hirschholunder trägt jetzt Ende Juli schon seine roten Beeren.

Versteckspiel. – Zwischen Farn, Greiskraut und Brennnessel ist dieses Schmaltier im Jungwuchs kaum mehr auszumachen.

Äsung in Hülle und Fülle. – Der Feisthirsch als Waldgespenst im Bergahorn-Eschen-Schluchtwald.

Türkenbundlilie. – Rehe äsen davon, obwohl sie giftig ist. Ob sie auch dem Rotwild schmeckt?

Almweide. – Sie ist ein entscheidender Beitrag zur Lebensraumsicherung für Rotwild. Ein alter Spruch besagt: „Geht das Rind, geht auch der Hirsch!“

Grasberge voll mit Äsung. – Ein großes Hirschrudel zieht über den Bergbach auf die Almweiden.

Hirsche und Kahlwild treffen aufeinander. – Aber die beiden Rudel mischen sich kaum. Die Tiere mit ihren gefleckten Kälbern haben einen anderen Tagesrhythmus als die Kolbenhirsche.

Typische Äseformation des Rotwildes. – Große Pflanzenfresser richten sich oft nach einer Richtung aus und äsen dann in einer Reihe parallel zueinander, wenn es das Gelände erlaubt.

Mitte Juli, in der Morgensonne. – Die ersten Strahlen treffen hier auf die Geweihe der Basthirsche. Mit steigendem Sonnenstand ziehen sie zurück in ihre schattigen Tageseinstände.

Clan und Sippe

Das „Rückgrat“ von Rothirschbeständen sind Muttergesellschaften. Clan und Sippe kommen zwar ohne die Väter nicht ganz aus, aber es sind die Mütter, die die Sippe zusammenhalten und führen. Anders gesagt: Die Clanchefs sind die Frauen!

Die kleinste Gruppe ist dabei die Familie mit Tier, Kalb und Vorjahreskalb. Das ist die Grundeinheit. Wo es gute Äsung gibt, schließen sich diese Familienrudel dann auch zu größeren Verbänden zusammen. Dabei gibt es jedoch keine lineare Hierarchie. Das Leittier ist in größeren Trupps auch nicht immer dasselbe Tier – weil die Rudelzusammensetzung wechselt, wechselt auch das Leittier. In der Regel ist es aber ein führendes dominantes Tier.

Während sich Hirsche spätestens mit zwei Jahren aus der Mutterfamilie lösen, um ihre eigenen Wege zu gehen, gibt es zwischen vielen Töchtern und Müttern auch danach noch eine engere Verbindung – oft über Jahre. Sowohl Wanderrouten als auch die jahreszeitliche Einstandswahl werden dabei immer wieder von der Mutter auf die Tochter übertragen. Auf diese Weise entstehen langjährige Traditionen innerhalb der Mutterfamilien. Prägung spielt also eine ganz wesentliche Rolle für die traditionelle Nutzung von Rotwild-Lebensräumen.

Das heißt aber auch: Selbst wenn die Gruppen nicht stabil zusammenbleiben, die Neigung zusammenzuhalten führt dazu, dass Rotwild bestimmte Teile seines Lebensraumes sehr intensiv nutzt, andere hingegen nur wenig. Dabei spielen Verwandtschaftsgrad, Dominanz und auch das Alter eine Rolle. Nah verwandte, jüngere Tiere halten enger zusammen, alte Tiere gehen dann oft wieder lieber allein. Auch die Wilddichte kommt hier zum Tragen: Tiere jeden Alters sondern sich eher ab, wenn die Wilddichte stark zunimmt. Obwohl also weibliches Rotwild dazu neigt, im Streifgebiet der Mutter zu bleiben, wandern dann auch Töchter mit steigender Wilddichte ab oder bleiben zumindest nicht mehr stetig im Streifgebiet ihrer Sippe.

Für den Gen-Austausch sind besonders die Hirsche zuständig. Viele von ihnen wechseln in benachbarte Streifgebiete oder wandern weiter ab. Vereinzelt sind dabei auch Wanderrouten bis weit über hundert Kilometer belegt – allerdings hält da auch das eine oder andere Tier mit. Ältere Hirsche gehen ohnehin lieber einzeln oder in kleinen Gruppen, die sich spätestens vor der Brunft wieder auflösen. Verwandtschaft spielt hier keine Rolle. Ein wesentlicher Unterschied ist dabei, ob das Wild Waldgebiete oder halboffene Landschaften besiedelt. Im Wald sind auch Tiere meist nur einzeln mit Kalb und Schmaltier unterwegs. Wenn, dann gibt es dort jedenfalls nur kleine Trupps. Im Offenland können sich dagegen sehr große Rudel sowohl von Tieren als auch von Hirschen aufbauen. Dann gehören in guten Kerngebieten oft auch bis über hundert Hirsche zu einem Rudel.

Über das Sicherheitsbedürfnis des Rotwildes ist bereits an anderer Stelle dieses Buches gesprochen worden. Wenn man nun weiß, dass die Bestände über Mutterfamilien organisiert sind, wird klar, dass der Umgang mit den „Clanchefs“ besonders viel Fingerspitzengefühl erfordert …

Anfang Mai. – Das Tier ist noch größtenteils im Winterhaar. Ein paar Wochen, dann wird es ein Kalb setzen. Bis dahin wird es noch mit dem Haarwechsel brauchen. Frische Äsung ist jetzt schon genug da.

8. Juni. – Dem Tier folgt nun ein wenige Tage altes Kalb. Noch wird der Nachwuchs aber auch immer wieder abgelegt.

Tier oder Schmaltier? – Früh einsetzende Kahlwildjagd im Juni ist ein Risiko, nicht nur weil die Tiere jetzt am empfindlichsten gegenüber Störungen sind.

Nun wird klar: Das Tier führt! Ein Kalb wird aus der Schlagflur hoch.

In diesem Fall sieht man es auf den ersten Blick: Das ist ein volles Gesäuge – sicheres Zeichen für das führende Tier!

Und jetzt folgt auch das Kalb seiner Mutter. Anfang Juni brauchen säugende Tiere nach Haarwechsel und Geburt besonders viel Energie – Ruhe ist da eine wichtige Voraussetzung.

Kälbertiere bei den Suhllacken. – Noch haben nicht alle gesetzt. Kahlwildgruppen sind meist Mutterfamilien. Traditionen werden innerhalb der Gruppe von den Müttern an die Töchter weitergegeben.

Familienleben. – Mitte Juli sind diese Kälber bereits viel gewachsen und immer zu Spiel und Bewegung aufgelegt. Manchmal muss da auch die eigene Mutter als Spielkamerad herhalten.

Äsung, Äsung, Äsung. – Die Tiere können nun gar nicht genug Äsung bekommen. Während die Hirsche Mitte Juli schon beginnen, Feistreserven aufzubauen, stecken die Tier noch all ihre Energie in die Milchproduktion für den Nachwuchs.

Tier, Kalb und Schmaltier: Das ist die typische Mutterfamilie. Der Nachwuchs lernt von der Mutter und nimmt auch viel von ihren Verhaltensweisen an.

Ab in die Latschen! – Auch wenn Kalb oder Schmaltier nichts von der Gefahr mitbekommen haben, sie folgen der Mutter in blindem Vertrauen.

Tier mit sehr schwachem Kalb, Ende September. – Werden die Kälber spät gesetzt, etwa wenn die Brunft zu lange dauert, dann bleibt ihnen bis zum Winter weniger Zeit zum Wachsen.

Drückjagdsituation: Ein Tier wird frei und sichert auf einer Blöße, …

… kurz drauf erscheint ein starkes Kalb. Ohne Führung durch die Mutter hätte es für den darauffolgenden Winter ganz schlechte Karten in der Hand.

Stutenbissigkeit. – Auch beim weiblichen Wild gibt es Dominanz und Hierarchie. Das Alttier rechts zeigt dem Schmaltier, wer hier das Sagen hat.

Vorderläufe als Waffe. – Im Ernstfall kann Kahlwild mit den Vorderläufen sehr schmerzhafte Schläge austeilen. Hier reicht die bloße Andeutung.

Futterneid. – Ein Tier vertreibt ein Schmaltier vom Futtertrog mit einem Laufschlag. Bei Fütterungen kann es immer wieder zu Auseinandersetzungen kommen.

Dieses Tier führt sein Kalb zurück in die Deckung. In manchen Gebieten ist Hochwild zum Nachtwild geworden – einer der wesentlichen Gründe dafür ist unüberlegte Bejagung.

Herbst und Hoffnung

Oben am Graukogel meldet die ganze Nacht ein Hirsch, und hier in der Hütte beim Schwarzmoos hat einer deshalb nur wenig Schlaf gefunden. Auch nachdem die Petroleumlampe schon lange gelöscht war, tritt er immer wieder vor den einfach gezimmerten Blockbau, um besser zu hören – und auch, um ganz sicherzugehen, dass der Hirsch noch da ist. Derweil kühlt der eine Raum mit Pritsche, Tisch und Bank immer mehr aus, denn der kleine Herd gibt längst keine Wärme mehr ab. Die Bergluft ist jetzt, Ende September, schon frisch und fast frostig. Der alten Tiroler Bracke passt das alles gar nicht, sie verfolgt das Geschehen auf ihrem löchrigen Wetterfleck mit wenig Verständnis, dreht sich im Kreis, legt sich wieder hin und streckt ihren Kopf, beinahe vorwurfsvoll, flach auf den abgewetzten Bretterboden. Noch lange sinniert der Jäger, wie diesem Hirsch beizukommen wäre. Mit dem Ruf braucht er es hier nicht zu versuchen, und Angehen ist in dem unübersichtlichen Gelände mit all den Gräben, Runsen und Erlendickungen auch ziemlich hoffnungslos. Von der Gegenseite würde man da und dort vielleicht etwas ausmachen, aber ist man selber in dem Hang, dann fehlt jede Übersicht. Die Wahrscheinlichkeit, das Wild zu vergrämen, ist viel größer, als dass man unbemerkt herankommt. Zudem würde sich jede Begegnung auf kürzeste Entfernung abspielen …

Bis zum Morgen hat sich die Anspannung bei Hund und Herr ein wenig gelegt. Es gibt einen Plan, und nach einem Schluck Tee steigen Hoffnung und Aussicht auf Erfolg – auch, weil der Wind den beiden wieder einige Trenzer von hoch oben zuträgt. Noch steht ein Sternenhimmel über den Graten und Kämmen, doch der Jäger weiß, dass der Hirsch bei Tagesanbruch mit seinem Kahlwild über das Brunntal hinunter in den Mooswald ziehen wird. Dort gibt es eine breite Rinne, die immer wieder von der Lawine ausgeräumt wird. Hier führt der Wechsel durch, und dort müssen die beiden noch vor dem Grauwerden oben sein. Bei der Lawinengasse angekommen, fällt es zunächst gar nicht leicht, den richtigen Platz zu finden. Schon wird es hell, der Wechsel im Brunntal ist leicht zu erkennen, doch talseitig gibt es keinen Fleck mit guter Einsicht. Oberhalb ist der Wind um diese Zeit problematisch. Da, endlich sticht ein Felskopf ins Auge, er ragt seitlich aus dem Bergwald, und von da sollte man gute Aussicht auf den Grünerlenhang haben. Nun wird's Zeit, dass hier Ruhe einkehrt. Doch leider ist nun auch der Hirsch ruhig – kein Ton mehr …

In den mit Flechten behangenen Ästen der Bergfichten turnen Goldhähnchen und Haubenmeisen, die ersten Strahlen der Morgensonne klettern über die Gipfel der gegenüberliegenden Talseite. Nur hier im Brunntal wehrt der Graukogel noch standhaft jeden Morgenschimmer. Für solche Gedanken hat dort jetzt jemand wenig Sinn. Mit Spannung, aber schon ein wenig sinkender Zuversicht sind hier noch alle Sinne auf den Rotwildwechsel und jene Erlenhänge gerichtet, aus denen der schmale Pfad hinunter in den Hochwald führt. Kommt das Wild noch, oder haben sie heute einen anderen Weg genommen? Da endlich, wie eine Erlösung, ein Steindln. Bewegen sich die Erlstauden? War da ein roter Fleck? Ein paar Lauscher verraten das erste Tier, gemütlich äst es da und dort, doch bevor es den offenen Lawinenstrich quert, bleibt die alte Tante stehen und verhofft lange. Sie bekommt keinen Wind und tritt nun schließlich aus den Erlen ins Freie. Dahinter folgen Kalb und Schmaltier. Nur: Wo ist der Hirsch? Das Kahlwild ist schon wieder im Mooswald untergetaucht. Doch nun bewegen sich die Erlen noch einmal – und jetzt tauchen zwei starke, fast schwarze Geweihstangen mit blitzweißen Enden im grünen Dickicht auf. Breiter Äser, Haupt und Träger fast waagrecht, starker Vorschlag – achtsam und doch beinah gelassen setzt der alte Berghirsch in dem steilen Gelände Schritt für Schritt und zieht nun stichgerad herein ins Brunntal …

September. – Weithin ist nun am Berg der Ruf des Brunfthirsches zu hören.

Nun kommt Bewegung ins Revier. – Über den Latschen taucht ein Hirsch auf. Und verschwindet gleich darauf wieder im Nebel.

In den Latschen döst ein alter Hirsch mit einem mächtigen Geweih. Er kennt den ganzen Zirkus und wird sich dann und wann ein brunftiges Tier holen, um sich mit ihm zu verdrücken. Sollen sich die Jüngeren raufen und streiten!

Der Alte aus den Latschen sucht nach der Fährte eines brunftigen Tieres.

Er kennt den Hirsch seit Jahren. Wird es heuer gelingen?

Die Senner haben die Almen verlassen, das Vieh ist abgetrieben. Nun ziehen die Jäger hier herauf.

Von überall orgeln die Hirsche und wechseln den Brunftplätzen zu.

Brunftstimmung am Berg: – Almmatten, weite Kare, und immer wieder ein Trenzer durch die Nebelfetzen.

Hier sind zwei reife Hirsche aneinandergeraten. Bald wird sich entscheiden, wer den Platz hält.

Suchender jüngerer Hirsch.

Herden. – Der Hirsch versucht, sein Brunftrudel zusammenzuhalten.

Treiben. – Er treibt ein Tier, dessen Kalb eng bei der Mutter bleibt.

Wachen. – Hier wacht der Hirsch über sein Brunftrudel und prüft, ob ein Tier brunftig wird.

Dieser alte Berghirsch folgt dem Kahlwild zurück in die Tageseinstände.

Tagsüber döst der Platzhirsch in der Nähe des Kahlwildes. Äsung nimmt er jetzt kaum auf.

Hier gibt es kein
Ausweichen, die
beiden sind sich
zu nahe gekommen.
Da hilft auch kein
Wegschauen mehr …

… Beinahe vorsichtig,
wie zwei erfahrene Ringer,
binden die beiden ihre
Stangen, …

… und jetzt beginnt ein
Schiebekampf auf
Leben und Tod.

Der meldende Hirsch moduliert den Ruf, …

… indem er das Haupt hochhebt und nach oben durchstreckt, …

… wodurch die Luftröhre als Resonanzkörper möglichst groß und weit wird.

Hier klingt der Ruf aus.

Volles Rohr. – Das Rufen gilt den Rivalen. Es stimuliert aber auch die Tiere.

Er zieht mit einem Tier in die Latschen.

Irgendwie muss überschüssige Energie abgeladen werden. Der eine oder andere reagiert sich dann dadurch ab, dass er mit dem Geweih in die Botanik fährt.

Ein älterer Hirsch kommt in vollem Tempo von den Hochweiden in die Erlen herunter, weil er dort einen Rivalen ausgemacht hat, …

… derweil drückt sich ein anderer Hirsch unter Astgewirr durch auf eine kleine Blöße. …

… Das Geweih weit in den Rücken gelegt, zwängt er sich unter der liegenden Birke durch, …

… und beginnt ohne zu zögern das Schmaltier zu treiben, …

… doch es weicht dem stürmischen Freier aus, zumindest fürs Erste.

Bodenforkeln und Brunftkuhlenschlagen sind Teil des Brunftverhaltens der Hirsche, …

… ebenso wie das Verschlagen von jungen Bäumen oder herabhängenden Ästen.

Beim Atemtausch prüft dieser Hirsch, ob das Tier brunftig ist.

Flehmen. – Hier wird die Luft über das Jacob'sche Organ im Gaumen intensiv eingesogen.

Röhren im Liegen. – Damit halten Hirsche Kontakt und tun kund, dass der „Chef" noch da ist.

Gegen Ende der Brunft schläft dieser erschöpfte Hirsch einfach kurz ein, um Energie zu tanken.

Unten im Tal der Nebel,
hier auf der Alm die
ersten Sonnenstrahlen.

Ein junges Sechserhirschl
kommt aus den Latschen.

Nun ziehen Tier,
Schmaltier und Kalb
über den Rücken.

Da tauchen am Gegenhang zwei starke Hirsche auf. Sie haben ein Stück Kahlwild dabei.

Der rote Hirsch treibt das Tier in die Latschen, …

… und was dort drinnen geschah, das wissen nur die Weidenmeisen.

Hirschbrunft – ein Mosaikstein im ewigen
Spiel vom Werden und Vergehen …

Es ist schon Anfang Oktober, da meldet im Lawinenstreifen noch einmal ein Hirsch mit einer sehr weiten Auslage.

Erster Schnee ist gefallen, und die beiden jungen Hirsche verfolgen ein letztes, noch brunftiges Tier.

Der Mond geht über den spätherbstlichen Berggipfeln auf, …

… die Hütten sind nun endgültig verlassen – und wie schon Jahrhunderte zuvor klingt eine Brunft am Berg aus.

Erinnerung und Erbe

In den Ostalpen bauen wir auf einem außergewöhnlich reichen jagdlichen Erbe auf, und die Erinnerung an längst vergangene Jagdtage lebt in uns weiter. Allein die zahlreichen alten Jagdhütten geben Zeugnis von diesem Erbe. „Erbe" meint dabei nicht nur, was uns höfische oder herrschaftliche Jagd hinterlassen hat – auch wenn gerade sie uns vielerorts den Rothirsch erhalten hat. Das Erbe der Bergjagd baut mehr auf den einfachen Jäger, weil hier die Jagd meist beim Volk geblieben ist.

Erinnern ist auch ein kreativer Prozess, der aus dem Erlebten, aus den Erfahrungen und den Traditionen immer wieder eine neue Grundlage für gegenwärtige Herausforderungen schafft. Genau das macht beim Jagern viel aus: Erinnern, Schlüsse ziehen, deuten, verarbeiten – das macht es erst richtig spannend und lebendig. Ein solides Hintergrundwissen ist dabei mehr als hilfreich, oft ist es schlicht notwendig, um Gesehenes richtig einzuordnen. Keineswegs schadet dabei ein kritischer Geist – und freudvolle, kindliche Neugier schon gar nicht.

Vererben können wir nur, wenn wir uns an das Erlebte erinnern. Und Jagern hat immer auch mit Mitteilen und Erinnern zu tun. Denn selbst, wenn ein Jäger ohne Beute heimkommt: Es gibt immer etwas zu erzählen. Dazu kommen über die Jahre die eine oder andere Abwurfstange, ein Hirschgeweih, der alte Stutzen, die Kraxe und der geflickte Rucksack mit der Hundeleine – sie alle helfen dem Gedächtnis auf die Sprünge. Und auch das Hirschgeweih bekommt aus diesem Blickwinkel eine viel tiefere Bedeutung …

„Alles wirkliche Leben ist Begegnung", hat einst Martin Buber gesagt. Wer sich auf die Begegnung mit der Natur einlässt, findet Leben in unendlich vielen Formen – der Rothirsch ist eine davon …

Kaiserdenkmal in Bad Ischl. – Kaiser Franz Joseph fand bei der Jagd Entspannung, Freude und Ruhe. Außerdem verband ihn die Jagd mit der Landbevölkerung.

Erinnerungen an der Hüttenwand.

Alte Fütterung. Selbst hier erobert sich der Wald nach und nach seinen Platz zurück.

Auch wenn der Jäger ohne Beute
vom Berg heimkommt – zum Erzählen
und Erinnern gibt es immer etwas …

Dr. Gunther Greßmann

Jahrgang 1972. Biologe und Wildökologe im Nationalpark Hohe Tauern/Osttirol. Aus Stainach zugewandert. Ausdauernder und ausgeglichener Bergmensch mit Wappentier Steinbock.

Thomas Kranabitl

Jahrgang 1966. Stammt aus Bad Ischl. Von Beruf Förster im Ausseerland. Betreut ein 9.500 Hektar großes Bundesforste-Revier. Hohes Interesse an Rauhfußhühnern und Spechten. Jagt begeistert nach starken Fotomotiven. (www.wildfoto.at)

Dr. Hubert Zeiler

Jahrgang 1963. Kärntner Urgestein, frei geboren im Drautal, lebt heute in Slowenien. Als kreativer Praktiker mit wissenschaftlichem Weitblick einer der auffallendsten Wildbiologen Europas. Außerdem ein hervorragender Zeichner und Maler.

Dipl.-Ing Karl-Heinz Kauz

Jahrgang 2011. Zu Hause in den Wäldern nahe des Loser. Von früher Jugend an dem Absingen der Tonleiter verfallen. Sonst eher unauffällig, aber ausgesprochen liebenswert. Lebensmotto: „Sehen und nicht gesehen werden!“ Stets nur im Hintergrund tätig.

BILDBÄNDE

Bären

Von Jaroslav Vogeltanz und Paolo Molinari.
176 Seiten, mehr als 300 Farbfotos.
Preis: 49.- Euro

Der Fotoband „Bären“ spürt in einzigartigen Bildern der Faszination Bär nach und zeigt ihn in den unterschiedlichsten Lebenslagen. – Ein Meisterwerk!

Wölfe

Von Jaroslav Vogeltanz und Paolo Molinari.
128 Seiten, mehr als 200 Farbfotos.
Preis: 39.- Euro

Der Wolf kehrt zurück. Doch wer kennt ihn wirklich noch? – Sensationelle Fotos und knappe, hochinformative Texte zeigen den Wolf so, wie er ist.

Luchse

Von Jaroslav Vogeltanz und Jaroslav Cerveny.
128 Seiten, mehr als 130 Farbfotos.
Preis: 39.- Euro

Herausragende Luchsfotos und traumhafte Landschaftsbilder – mit kurzweiligen und kenntnisreichen Texten, mit welchen der Luchs sich selbst vorstellt.

Österreichischer Jagd- und Bilderei-Verlag
1080 Wien, Wickenburggasse 3
Tel. +43/1/405 16 36, Fax +43/1/405 16 36/59
E-mail: verlag@jagd.at
Internet: www.jagd.at

MARKUS ZEILER

Schweiß

Von Markus Zeiler.
228 Seiten, über 200 großformatige Farbfotos.
Exklusiv in Leinen. Im Geschenkschuber.
Preis: 127.- Euro

Ein sensationeller Fotoband mit „Bildern der Jagd". – Mittlerweile längst zum Kultbuch geworden.

Ferm

Von Markus Zeiler.
224 Seiten, über 300 großformatige Farbfotos.
Exklusiv in Leinen. Im Geschenkschuber.
Preis: 127.- Euro

Ein Buch, das in einzigartigen Bildern Leben und Arbeit der Jagdhunde nachzeichnet.

Beize

Von Markus Zeiler.
204 Seiten, über 230 großformatige Farbfotos.
Exklusiv in Leinen. Im Geschenkschuber.
Preis: 127.- Euro

In seinem dritten monumentalen Bildband taucht Markus Zeiler in die Welt der Greifvögel und der Beizjagd ein.

Österreichischer Jagd- und Bilderei-Verlag
1080 Wien, Wickenburggasse 3
Tel. +43/1/405 16 36, Fax +43/1/405 16 36/59
E-mail: verlag@jagd.at
Internet: www.jagd.at

BILDBÄNDE

Gams – Bilder aus den Bergen

Von G. Greßmann, V. Grünschachner-Berger,
T. Kranabitl und H. Zeiler.
160 Seiten, mehr als 200 Farbfotos.
Preis: 49.- Euro

Einzigartige Fotos, gepaart mit kurzen klaren Texten, gewähren spannende, oft auch überraschende Einblicke in das Leben der Gams.

Steinwild – Mythos der Berge

Von Gunther Greßmann.
192 Seiten, mehr als 300 Farbfotos.
Preis: 49.- Euro

Sagenhafte Bilder von einem sagenhaften Fotografen von einem sagenumwobenen Tier. Bilder, die man noch nie gesehen hat. Und auch nie sehen wird. Außer in diesem Buch.

Auerwild – Die Hahnen vom Rosenkogel

Von Helmut Fladenhofer
160 Seiten, mehr als 250 Farbfotos.
Preis: 49.- Euro

Der legendäre Hahnenförster vom steirischen Rosenkogel legt seine Foto-Archive offen und zeigt das Auerwild von seinen besten Seiten!

Österreichischer Jagd- und Bilderei-Verlag
1080 Wien, Wickenburggasse 3
Tel. +43/1/405 16 36, Fax +43/1/405 16 36/59
E-mail: verlag@jagd.at
Internet: www.jagd.at